LES BROCS A CIDRE

EN

FAIENCE DE ROUEN.

A PARIS, chez DIDIER, libraire,
Quai des Auguſtins.

A ROUEN, chez LE BRUMENT, libraire,
près l'Égliſe Saint-Vincent.

TIRÉ A DEUX CENT CINQUANTE EXEMPLAIRES :

50 ſur Papier vergé, numérotés à la preſſe.
200 ſur Papier vélin fort.

LES BROCS A CIDRE

EN

FAIENCE DE ROUEN;

ÉTUDE DE CÉRAMIQUE NORMANDE,

PAR

RAYMOND BORDEAUX.

A CAEN,

DE L'IMPRIMERIE DE F. LE BLANC-HARDEL,

Rue Froide, N° 2.

M. D. CCC. LXVIII.

Moitié de l'original.

LES BROCS À CIDRE

EN FAIENCE DE ROUEN.

I

A Normandie a l'avantage d'uſer d'une boiſſon en quelque ſorte nationale, dont la conſommation, loin de diminuer, s'eſt répandue de nos jours au-delà des frontières de cette grande région. Le cidre eſt non-ſeulement le breuvage uſuel dans une partie de la Picardie & de la Bretagne, mais il commence à pénétrer dans

Paris. Les plants de pommiers apparaiſſent ſur pluſieurs points de la Beauce & de l'Ile-de-France. Les derniers vignobles qui ſubſiſtent encore ſur le ſol normand ſont ceux des coteaux de Vernon, & dans la vallée d'Eure, ceux de Ménilles, de la Croix-Saint-Leufroy, de Bueil & d'Ézy. Or, chaque boiſſon donne lieu à des vaſes ſpéciaux pour la contenir. La tonnellerie normande fabrique des fûts différents de ceux employés ſoit pour la bière, ſoit pour le vin : il en eſt dont la forme remonte fort loin dans le paſſé. Si les Gaulois ont inventé les vaiſſeaux de bois cerclés pour conſerver les liquides, nos ancêtres, dès le temps où fut brodée la célèbre tapiſſerie de Bayeux, employaient pour le tranſport ces longs barils portatifs encore uſités dans la vallée d'Auge. M. de Caumont a fait graver dans ſa *Statiſtique monumentale du Calvados*, tome IV, page 23, un fragment de la Tapiſſerie repréſentant un de ces petits tonneaux allongés, que les ſoldats de Guillaume portèrent à bord des navires deſtinés à la conquête d'Angleterre. Était-ce du cidre que nos aïeux embarquèrent ainſi à l'aide de ces barils ſi ſemblables à ceux uſités de nos jours aux environs de Liſieux, & que l'on peut charger ſoit ſur l'épaule d'un homme, ſoit à dos de cheval?

Mais les tonneliers ne ſe bornent pas à conſtruire des cuves, des tonnes & des barriques, pour la fabrication & la conſervation des boiſſons : ce ſont eux auſſi qui font ces gros vaiſſeaux portatifs en douves reliées de fer, avec une anſe, une panſe fort large & un col aſſez étroit, qui ſervent pour aller tirer à la cave le vin, le cidre ou la bière. L'uſage de ces cruches de bois eſt fort répandu en Normandie : c'eſt avec de grands Brocs plutôt qu'avec des ſeaux que les femmes de Rouen & de Liſieux vont chercher l'eau aux fontaines publiques, & dans nos fermes le cidre eſt apporté ſur la table dans un broc aux cercles luiſants, plutôt que dans une cruche de terre ou une bouteille fragile. Aux environs de Pont-Audemer, l'emploi de ces uſtenſiles eſt ſi répandu, qu'il y a des tonneliers nommés *Broctiers*, parce qu'ils ne fabriquent que des brocs, & dans le langage local on a même forgé le mot *Broćterie* pour déſigner l'atelier d'un *Broctier*. Ces deux expreſſions, que je n'ai trouvées recueillies dans aucun de nos Gloſſaires du patois normand, doivent être anciennes, car *Brottier* eſt un nom de famille répandu dans le comté d'Évreux.

Il ne faut pas croire cependant que le *Broc*, malgré l'apparence ſeptentrionale du mot, ſoit un uſtenſile uſité ſeulement dans les pays à cidre. Les pays vignobles en font emploi, & le mot *Brocca*, dans la langue italienne, ſignifie une cruche de table. Furetière, & après lui les auteurs du *Dictionnaire de Trévoux*, définiſſent le Broc, *amphora*, un « gros vaiſſeau portatif dont les Taverniers ſe ſervent pour aller tirer du vin à la cave, & le diſtribuer en haut en pluſieurs petites portions, ſelon qu'on les leur demande. » Et Furetière ajoute : « On a auſſi chez les grands des *brocs* d'argent où on met du vin ou de l'eau, quand on en doit ſervir quantité ſur les tables. »

Le Broc (on prononce *bro*), qui a diſparu de nos jours dans les maiſons élégantes pour faire place aux caraffes, aux bouteilles & à des cruches de fantaiſie, avait déjà chez nos pères des uſtenſiles rivaux, dans les pots, cruches, cruchons, cannes, cannettes & pichets de diverſes figures & contenances, en terre, en grès & en verre. L'antique pichet, ou *channe*, congénère du *pitcher* anglais, en terre jaune ou griſe, ſe montre encore ſur les tables villageoiſes avec la même forme qu'il avait au moyen-âge, ce qu'atteſtent les fragments découverts dans les fouilles de nos antiquaires. L'uſage de plus en plus fréquent du verre, & ſurtout l'invention aſſez récente, dit-on, des bouchons en liége, a cauſé une révolution dans l'emploi de ces vaſes, & a amené la prédominance des bouteilles & flacons d'eſpèces diverſes. Savary des Brûlons, dans ſon *Dictionnaire de Commerce,* au mot *Bouchon,* ſignale comme un uſage alors nouveau à Paris, la coutume de « tirer preſque tous les vins en bouteilles de gros verre, où l'expérience a appris qu'ils ſe conſervoient mieux que dans les futailles même. » Réduits à n'employer que des bouchons de métal ou de bois enveloppé de filaſſe, il n'eſt pas étonnant que nos pères n'aient uſé qu'aſſez rarement des bouteilles comme uſtenſiles de table, & qu'ils n'aient guères eu d'autres vaſes bouchés & à goulot étroit que les gourdes, bidons, ou bouteilles de voyage.

Les vaſes deſtinés à contenir des liquides peuvent ſe claſſer ſuivant le mode de leur fermeture. L'abſence d'un couvercle caractériſe d'ordinaire les vaſes deſtinés à renfermer des liquides d'un uſage ordinaire & que l'on garde peu de temps, tels ſont les aiguières, buires, pots à l'eau & cruches communes. Un couvercle de matière ſemblable à celle du vaſe s'applique ſur l'orifice des cafetières & des urnes qui les ont précédées. Une large bonde ou rondelle de bois ou de liége ſert de caractère commun à toute la famille des bocaux, & à quelques cruches à grande embouchure. Mais un ſyſtème de fermeture fort en vogue pour les brocs, c'eſt un couvercle d'étain, d'argent ou de fer, attaché au col du vaſe par une charnière. Cet opercule inſéparable convient ſurtout aux vaſes dont l'embouchure n'eſt point ronde & eſt garnie d'un canal ou rigole pour diriger le liquide en verſant. Un appendice ſaillant du côté de la charnière & ſe projetant ſur l'anſe permet de ſoulever le couvercle par la ſeule preſſion du pouce de la même main qui ſaiſit l'anſe. Les ouvriers qui fabriquent de notre temps des cafetières & des bouilloires font un emploi continuel de cet appareil, adapté auſſi à quelques burettes d'égliſe & à certains pots à tabac.

Nous avons cru ces définitions néceſſaires pour parler avec quelque préciſion des vaſes de faïence qui ſont l'objet de ces recherches. En ce moment où la céramique des XVIe, XVIIe & XVIIIe ſiècles excite ſi fort l'engouement des curieux, il nous a ſemblé bon de faire ſur les noms de nos vaſes quelque choſe d'analogue à ce qui a été fait ſur les amphores, les canthares, les *præfericula,* les *kotyle* & les divers vaſes à boire des anciens. Les érudits connaiſſent les *Recherches ſur les Noms des Vaſes grecs* de M. Panofka, & les doctes *Obſervations* de M. Letronne ſur le même ſujet; M. Uſſing a publié en 1844, avec figures, une diſſertation *De Nominibus Vaſorum Græcorum;* pourquoi n'aurions-nous pas écrit quelques lignes, moins ſavantes ſans doute, ſur les vaſes en uſage chez nous?

II.

CEs Brocs d'argent qui figuraient ſur la table des grands ſeigneurs du XVIIe ſiècle, au témoignage de Furetière, ont donné ſans doute l'idée aux faïenciers rouennais de fabriquer les Brocs au ſujet deſquels nous diſſertons. On ſait, en effet, par les Mémoires de Saint-Simon que cette faïencerie dut ſon brillant eſſor à la prohibition de la vaiſſelle d'argent dans les dernières années du règne de Louis XIV. Mais nous ne penſons pas que les hautes claſſes de la ſociété aient jamais adopté l'uſage de ces Brocs en faïence. Car s'il exiſte un bon nombre d'aiguières, d'aſſiettes & d'autres pièces de vaiſſelle décorées d'armoiries ou de chiffres & exécutées pour les perſonnages les plus éminents, nous ne connaiſſons pas une ſeule de ces cruches qui ſoit marquée d'un blaſon, même de famille bourgeoiſe. Tandis que les écuſſons de Montmorency-Luxembourg, du duc de Saint-Simon, l'auteur des *Mémoires,* de La Vrillière, de Bigot, de Durfort-Lorges-Duras & d'autres maiſons illuſtres ornent faſtueuſement les grands plats circulaires & les plateaux carrés de faïence de Rouen, nous n'avons rencontré ſur ces brocs que des images de patrons ou des ſcènes populaires.

Voilà pourquoi nous les qualifions ici de Brocs à Cidre, comme on le fait volontiers à Rouen; cette dénomination nous ſemblant plus exacte & moins vague que celle de cruche, qu'on leur donne encore généralement. Le mot cruche peut en effet comprendre, comme celui d'amphore, toutes ſortes de vaſes à anſe & à large goulot. Les objets dont nous parlons affectent au contraire la forme des brocs en bois, tels que les fabriquent les tonneliers normands, ſauf l'évidement du pied qui exiſte quelquefois dans ces faïences & que la tonnellerie ne peut exécuter, mais qui ſe retrouve ſouvent dans les brocs en étain. Nous les appelons enfin *Brocs à Cidre*, parce qu'ils ſont une production ſpéciale des faïenciers des pays à cidre. Les Brocs à vin fabriqués à Nevers ont bien comme les Brocs rouennais des deviſes, des dates & des inſcriptions, mais leur forme n'eſt pas la même. Ce ſont plutôt des flacons ou des gourdes, des bouteilles plates, que des cruches ou des pichets. La fabrique de Nevers a conſervé encore de ce côté les traditions de ſon origine italienne : les Italiens appellent *fiaſca* une grande bouteille plate : la *fiaſchetta* de moindre dimenſion eſt une gourde aplatie & portative. En viſitant, en 1866, le muſée céramique de Nevers, nous n'avons pas aperçu une ſeule pièce dont la forme nous rappelât le type des Brocs rouennais, & l'examen du muſée de Sèvres montre bien le caractère diſtinct des deux fabriques. Le Broc à vin nivernais appartient à la claſſe des vaſes appelés *fiaſco* & *fiaſca* en Italie; le Broc normand eſt une variété de la cruche, nous n'oſons dire de l'amphore.

Une preuve de plus que le cidre eſt bien la liqueur pour laquelle ces vaſes peints ont été faits, c'eſt que des Brocs ſemblables pour la forme aux Brocs de fabrique rouennaiſe ont été produits à Sinceny, près de Chauny en Picardie, contrée où la boiſſon normande eſt en honneur. Cette deſtination eſt d'ailleurs généralement reconnue. Un de ces vaſes de la collection Le Véel, aujourd'hui au muſée de l'hôtel de Cluny, a été publié dans le journal *L'Art pour Tous*, 3e année, n° 90, ſous le nom de *Pot à Cidre*. Mais décidément l'expreſſion de Broc à Cidre, employée dans la nomenclature du muſée de Sèvres, nous paraît préférable, & c'eſt pour en faire voir l'exactitude que nous ſommes entrés en matière par une digreſſion ſur le cidre, & ſur les vaiſſeaux divers fabriqués par les tonneliers.

III.

CE qui diſtingue les vaſes qui nous occupent des uſtenſiles vulgaires deſtinés aux uſages de la vie commune, ce qui les fait rechercher des curieux & placer avec honneur parmi les pièces rares des collections, ce ſont non-ſeulement les peintures qui les décorent, mais avant tout les inſcriptions & les dates qu'on y lit & qui en font de véritables monuments pour l'hiſtoire de la céramique. Le ſoin que l'on prit de les dater & d'y écrire des noms de la façon la plus apparente, montre qu'à l'époque même de la fabrication de ces pièces, on y attachait une importance ſpéciale & qu'on les conſidérait comme des objets hors ligne, tout-à-fait en dehors de la fabrication courante de la vaiſſelle uſuelle, livrée par milliers au commerce & à la conſommation journalière. La belle conſervation de la plupart de ces vaſes montre auſſi que leurs poſſeſſeurs n'en faiſaient point un uſage fréquent, & qu'on les a conſervés dans les familles & tranſmis héréditairement comme des objets auxquels on attache du prix & que l'on garde avec ſoin. La beauté de leur vernis, la bonne exécution de leurs décors en font auſſi des échantillons d'élite & on peut les conſidérer en quelque ſorte comme des chefs-d'œuvre du métier, ſortis des mains des meilleurs ouvriers, qui y mirent une attention refuſée aux ouvrages fabriqués à la tâche & à la douzaine. Les noms inſcrits & les dates montrent que c'étaient des objets faits exprès pour une perſonne déſignée, ſur une commande particulière & deſtinés à être offerts en préſent, comme ſouvenir d'un événement marquant dans la vie du donataire.

Il y a cinq ou ſix ans, la plupart des marchands & des curieux ſuppoſaient encore que les noms inſcrits d'une façon ſi apparente étaient la ſignature des ouvriers ou des peintres ſur faïence. Un de nos amateurs de céramique les plus inſtruits, M. Eugène de Beaurepaire, diſait en 1861, à propos de la ſplendide expoſition de Rouen: « Les plats ſont très-rarement ſignés & datés, mais il en eſt autrement des buires & des cruches; preſque toujours elles indiquent avec le nom du potier l'année de la fabrication. Ce ſont là des éléments authentiques d'appréciation dont il eſt inutile de faire reſſortir ici l'importance [a]. »

M. Alfred Darcel, dans une brochure ſur la même expoſition, avait dit de ſon côté, en parlant de la faïence de Rouen : « On en fit ſurtout des cruches, pièces généralement datées & *ſignées*, & fort intéreſſantes à cauſe de ces dates pour l'hiſtoire de la faïence [b]. »

Nous-même, en rendant compte de l'expoſition organiſée à Elbeuf en 1862, à l'occaſion du trentième congrès de l'Aſſociation normande, nous diſions encore : « Une cruche en faïence de Rouen, à Madame Queſné, eſt couverte d'une peinture facétieuſe avec légende *& ſignée* Louis Marette 1721 [c]. »

Cependant les éléments de comparaiſon fournis par l'abondante ſérie de ces cruches ou pots à cidre que l'on remarquait à cette intéreſſante expoſition d'Elbeuf, devaient faire preſſentir que le mot de ſignature devenait inexact. En effet, parmi les noms de famille peints en grandes lettres, au bas de la panſe de ces brocs, on ne retrouvait le nom d'aucun des fabricants de faïence de Rouen, & il était difficile d'admettre que ces noms, ſi bien moulés au beau milieu de la pièce, fuſſent ceux d'ouvriers ou de peintres inconnus & qui n'auraient ſigné ainſi qu'une ſeule pièce. Les artiſtes d'ailleurs n'ont-ils pas l'habitude de ſigner leurs noms dans les

a *La Faïence de Rouen à l'Expoſition*, par M. Eug. de Robillard de Beaurepaire, dans le tome XXXIII du *Bulletin monumental*, page 13 du tirage à part.

b Darcel, *L'expoſition d'art & d'archéologie de Rouen.* Rouen, Brière, 1861, brochure in-8°.

c *Expoſition artiſtique & archéologique d'Elbeuf*, compte-rendu dans l'*Annuaire normand* pour 1863, page 12 du tirage à part.

coins peu apparents de leur ouvrage & en caractères abrégés ou curfifs? Ces légendes, foigneufement tracées, à l'endroit où l'ufage de nos pères aurait fait figurer des armoiries ou une devife, font donc au contraire des noms de dédicace ou des marques de propriété : elles n'ont rien de commun avec les monogrammes ou les paraphes tracés au revers des pièces comme marque de l'ouvrier.

Ce fut dès lors un point confidéré comme indubitable par le favant M. André Pottier : il n'en continua pas moins à noter avec grand foin pour fon *Hiftoire de la faïence de Rouen,* qui n'a été mife fous preffe qu'après fa mort, tous les *Brocs infcrits & datés* qui parurent, en 1863, à l'expofition normande de Bernay, & en 1864, à l'expofition régionale d'Évreux. Les peintures & les noms font en effet curieux pour l'hiftoire de la vie privée, mais les dates lui fourniffaient fûrement des renfeignements pour établir la chronologie des motifs décoratifs, des couleurs & des procédés de fabrication pendant tout le cours du XVIIIe fiècle, c'eft-à-dire depuis l'époque la plus brillante de la faïence de Rouen jufqu'aux dernières années de fa décadence. Tel eft donc l'intérêt des dates qui font le caractère ordinaire de ces pièces de collection.

IV.

RECHERCHONS maintenant dans quelles circonftances elles ont été décorées, de quels événements elles ont été le *memento,* quel rôle, en un mot, elles ont joué dans la vie & les habitudes de nos pères. Fabriquées exprès pour une ou deux perfonnes défignées, à une date précife, ce n'étaient pas évidemment de ces objets de luxe que l'on choifit tout faits, fuivant fon goût ou fa fantaifie, dans l'affortiment d'un marchand, pour l'ornement de fon habitation ou la décoration d'une table fomptueufe. Pièces ifolées & tout-à-fait perfonnelles, elles ne faifaient point partie des riches fervices de vaiffelle armoriée deftinés aux nombreux convives d'un feftin d'apparat. Elles fe diftinguent, en effet, au milieu des autres objets de vaiffelle, à peu près comme une médaille commémorative d'un événement fe diftingue au milieu de fimples monnaies. L'image du faint patron du deftinataire, fréquemment peinte fur la panfe de ces monuments de céramique, leur donne un caractère de folennité, qui s'allie d'une façon originale avec le rôle naturellement jovial d'un vafe à boire. La comparaifon d'un bon nombre de ces *Brocs infcrits & datés* laiffe voir que beaucoup d'entre eux ont été fabriqués pour fervir de cadeaux de noces, & que d'autres plus rares ont dû être offerts comme gages d'amitié ou de reconnaiffance pour quelque fervice rendu. Mais lorfque deux noms fe trouvent fur un même vafe, on peut dire hardiment que ce font ceux de deux jeunes époux, & que la date au-deffous eft celle de leur mariage.

La coutume d'un pareil emploi de la céramique remonte à la plus haute antiquité. Vifconti, dans un mémoire inféré dans l'ouvrage de M. Panofka fur les *Antiques du Cabinet Pourtalès*, a publié les peintures d'un beau vafe grec trouvé en 1801 dans un tombeau de Nola. Suivant Vifconti, ce vafe, vendu 10,000 fr. en 1865, lors de la difperfion de la collection Pourtalès, était un préfent nuptial où fe trouvaient réunies les figures des époux Politès & Phylonoë, & celle de Dinomaché, mère de l'époufée. — Le moyen-âge chrétien fournit des exemples d'ufages femblables, & au XVIe fiècle, en Italie, on fabriqua en grand nombre ces *cupe amatorie* que l'on voit figurer dans les mufées. Nous citerons à ce fujet le paffage fuivant des *Recherches fur la céramique* de M. Jules Greflou :

« Des majoliques, fous forme de vafes, plats ou affiettes, ornées d'un portrait de femme avec, prefque toujours, un nom de baptême au-deffous, fe rencontrent affez communément. Elles font généralement remarquables par la beauté de la femme & par les richeffes du coftume. On attribue ces majoliques (dites *Amatorie*) à une mode, qui eut lieu en Italie parmi les riches gentilshommes, de faire faire ainfi le portrait de leurs fiancées ou maîtreffes & de le leur offrir en préfent. C'eft furtout vers la fin du XVIe fiècle que cette mode aurait acquis fon plus grand développement [a]. »

Il ne faut donc point s'étonner fi les ouvriers italiens qui ont introduit à Nevers l'induftrie de la faïence ont continué ces traditions. Un flacon ou gourde de forme plate, à décor bleu, confervé au mufée de Sèvres parmi les productions nivernoifes, fous le n° 6276, eft évidemment le fouvenir d'un mariage : on y lit les noms de « Jacques Clerjault » & de « Marie Pinguegneau » & au-deffous on voit les images de leurs patrons. Saint Jacques eft peint fur une face de ce vafe & la Vierge Marie fur l'autre. Nous avons vu à Nevers, au mufée céramique, d'autres pièces de faïence, des Brocs à vin notamment, marqués ainfi de deux noms conjoints. Plufieurs *Brocs* infcrits font cités dans le grand ouvrage de M. du Broc de Séganges, fur la faïence de Nevers, qui fignale furtout des

a *Recherches fur la Céramique*, par M. Jules Greflou (Chartres, Petrot Garnier, 1864), page 7.

bénitiers de mariage avec l'image des patrons des époux, leurs noms & la date.

La fabrique de faïence rouennaiſe procédant de Nevers comme Nevers procède de l'Italie, l'uſage de pièces de vaiſſelle pour préſent nuptial aurait pu s'introduire de ce côté, ſi déjà il n'avait été accrédité dans les pays du Nord. Une gourde en faïence de Bruges, ou plutôt en terre jaune verniſſée, figurée & décrite par M. Félix Devigne, dans les *Annales de la Société royale des Beaux-Arts & de Littérature de Gand* [a], porte en grandes lettres gothiques le mot ſignificatif **ama.** Elle eſt en forme d'aumônière & pouvait être ſuſpendue à la ceinture par les deux anſes qui accompagnent ſon étroit goulot. M. Devigne attribue au XVIe ſiècle cette pièce rariſſime.

Du reſte, la vaiſſelle au moyen-âge portait fréquemment des inſcriptions en grandes lettres gothiques, parfois tracées en relief & plus ſouvent en creux ſur le bord ou *marly* des aſſiettes & des plats. On voit au muſée de Sèvres une ſérie abondante d'anciennes terres de Beauvais à inſcriptions gothiques. Des deviſes pieuſes, de courtes prières ſe remarquent ſouvent ſur ces débris du mobilier de nos aïeux. On a recueilli à Rouen des portions de vieilles aſſiettes, antérieures à la faïence, ainſi décorées, & notre ami, M. Pannier, poſſède un curieux fragment de ce genre, trouvé à Liſieux.

Ce n'était pas ſeulement à la poterie ou à la faïence que l'on s'adreſſait pour fabriquer des préſents nuptiaux. D'autres uſtenſiles de ménage ſervaient à inſcrire les noms de deux époux & à noter

[a] Tome VI, volume de 1855.

la date de leur union. A l'expofition de Chartres, en 1858, on vit figurer [a] une curieufe marmite en fonte autour de laquelle on lifait : P. Henri Bellesme et Marie Catrine Fillette, son épouse, 1722. Les ouvriers fondeurs de nos forges dans la Haute-Normandie ont confervé longtemps la coutume de fabriquer ainfi des marmites enjolivées de fleurs de lis & d'infcriptions à l'occafion du mariage de leurs camarades ou même de leurs propres noces. J'ai vu l'an dernier dans une auberge de Beaumont-le-Roger une grande marmite toute conftellée d'étoiles, de merlettes & d'autres menues figures, confervée précieufement comme un objet de famille. Elle porte en effet cette infcription d'orthographe ruftique :

FREDERIE ✶ LEROUE ✶ ET
MARGUERITE ✶ ROBILLARD ✶ SON
EPOUSE ✶ 1808 ✶

Mais au XVIIIe fiècle, & dans la bonne bourgeoifie, ce font furtout les Brocs à cidre en faïence de Rouen, qui paraiffent avoir été préférés pour cette deftination galante. Il en eft peu qui foient fans noms & fans date : fi plufieurs ne portent que des rébus ou des devifes bachiques, chofe fréquente fur les Brocs à vin de Nevers, la plupart préfentent le nom de deux époux. Ceux mêmes qui offrent feulement un nom ifolé peuvent être confidérés comme une pièce féparée d'une paire où le nom de l'autre conjoint fe trouvait fur un fecond Broc. L'expofition normande organifée à Falaife, en 1864, quoique moins abondante au point de vue céramique

[a] N° 1315 du Livret imprimé.

que les expoſitions de Rouen, d'Elbeuf, de Bernay & d'Évreux, préſentait cependant un échantillon curieux de ces Brocs conjugaux : tous deux de forme identique, plus élancée & plus gracieuſe que d'ordinaire, avec un goulot ondulé. Leur panſe eſt remplie par un bouquet de fleurs jeté & deſſiné légèrement, où le rouge & le bleu ſe marient.

Cette ſimilitude de forme s'explique, car ces deux *pichets* ont été fabriqués pour un couple normand :

M^r^. Moriniere. M^e^. Moriniere.

Sur le Broc du mari les fleurs ſont plus lourdes, les tiges moins grêles : elles ſont l'effet d'œillets. Comme aucune date n'y figure, il eſt permis de ſuppoſer qu'ils n'ont pas été faits pour un préſent de noces, mais que les deux époux ont pu les commander plus tard, durant leur union.

Ces lignes étaient écrites, lorſqu'une communication due à la bienveillante amitié de M. Eugène de Beaurepaire nous a mis ſur la voie d'une particularité philologique relative à ces dons de mariage. « Dans les environs d'Alençon, nous a écrit M. de Beaurepaire, on nomme *Cochelins* des préſents & ſpécialement des brocs ou des aſſiettes ſpécialement offerts aux mariés le jour de la noce. J'ai ſouvent rencontré des gens de la campagne qui refuſaient de vendre des objets de ce genre ſous prétexte que c'étaient des *Cochelins* de leurs grands parents, ou qui ſe ſervaient de cette raiſon pour élever leurs prétentions. »

Dans le langage populaire de la Haute-Normandie, le mot *Cochelin* exiſte, mais ſeulement avec la ſignification d'un gâteau aux pommes. Averti par ce que nous apprenait M. de Beaurepaire, nous avons consulté les divers Glossaires provinciaux que nous possédons, & voici ce que nous y avons trouvé :

Le *Dictionnaire du Patois Normand* de MM. Du Méril dit ceci : « *Cochelin* (Orne), sorte de gâteau long & par extension présent..... »

Le *Glossaire du Patois Normand,* de Louis Du Bois, publié par M. Travers, contient les articles suivants : « *Cochelin :* fruit de l'églantier. (Alençon). — *Cochelin :* tourte aux fruits, gâteau long. Par extension un cadeau. Le coquelin ou la cocheline, dans l'Eure-et-Loir, est une sorte de gâteau pour le premier jour de l'an. »

Le *Dictionnaire du Patois du Pays de Bray*, de M. l'abbé Decorde, le *Petit Dictionnaire du Patois de l'Arrondissement de Pont-Audemer,* par M. Vasnier, le *Glossaire Normand,* de M. Le Héricher, & le *Dictionnaire Picard*, de M. Corblet, n'ont pas recueilli le mot *Cochelin.* En revanche nous avons trouvé dans le *Vocabulaire du Haut-Maine,* par M. de Montesson, l'article suivant :

« *Cochelin.* Gâteau qui se fait pour Noël & qui doit probablement son nom à de petits ornements en pâtisserie en forme de coqs. C'est par ce mot que l'on désigne aussi les cadeaux faits à un filleul par ses parrain & marraine. Le *Cochet* était un présent en viande, en vin ou en argent, qu'un nouveau marié offrait à ses compagnons. (Du Cange, *Cochetus,* 3.) »

Mais M. Jaubert, dans son *Glossaire du Centre de la France,* est encore plus explicite. Voici ce qu'il dit au mot *Cochelin :*

« Cadeau que les parents, & surtout le parrain & la marraine, font à des mariés; jadis, il était ordinairement composé d'uſtenſiles de ménage: c'eſt preſque toujours, aujourd'hui, une ſomme d'argent. A Argenton, il n'y a pas encore très-longtemps, le cochelin conſiſtait en une écuelle d'étain à couvercle, & lorſqu'on parlait du potier d'étain qui fabriquait ces ſortes de vaſes, on l'appelait toujours le *marchand de Cochelins.*

« Les mots *cochetus, cochet, coquet,* don de noces, dont il est queſtion dans le *Tréſor des Chartes,* ont la même ſignification que notre mot *Cochelin.* »

Coquelin eſt au reſte un mot ancien : car en Normandie il exiſte comme nom de famille.

Ainſi donc un plat à barbe portant au fond l'inſcription BRUMENT, 1699, & figuré dans l'*Hiſtoire de la Faïence de Rouen* de M. Pottier, comme le plus ancien échantillon connu de décoration polychrôme, était ſans doute un *Cochelin,* c'eſt-à-dire un préſent d'étrennes ou de noces. De même trois aſſiettes populaires de la collection de M. de Beaurepaire montrent qu'à la fin du ſiècle ſuivant, la mode de ces préſents de noces & auſſi d'étrennes était encore en pleine vogue. L'une porte l'image du patron du mari, l'autre celle du patron de la femme, la troiſième celles réunies des patrons du mari & de la femme. Les inſcriptions ſont celles-ci :

Robert Robineau.
1784.

Perrine de Fait.
1784.

Perrine de Fait & Robert Robineau,
1791.

V.

DEs dates & des noms infcrits, paffons aux fujets des peintures.

Il n'entre pas dans notre cadre d'énumérer ici tous les ornements, tous les motifs de décoration femés fur la furface émaillée de ces vafes, & qui ont varié depuis l'époque originaire & fupérieure des riches guipures exécutées en bleu, jufqu'aux temps de la décadence, où la multiplicité des couleurs cherchait à fuppléer à l'infériorité du deffin. Ce ferait rentrer dans l'hiftoire générale de la faïencerie de Rouen, depuis fes créateurs, Poirel, fieur de Grandval, & Poterat, fieur de St-Sever, Sotteville & Quatremares [a], jufqu'à l'époque de la Révolution. Ce que nous voulons noter feulement, ce font les images, les figures qui décorent plus particulièrement les vafes étudiés ici. Ces figures peuvent fe divifer en fujets religieux & en fujets profanes & de fantaifie.

Les Brocs à fujets religieux portent d'ordinaire l'image du faint patron du deftinataire. Nous citerons comme exemples les pièces fuivantes expofées à Évreux en 1864 : Un Broc, de faïence de Rouen, décoré en bleu & repréfentant fainte *Anne* inftruifant la Vierge *Marie,* avec les noms & la date : « Marie-Anne Le Chat 1723. » — Un autre Broc, de même fabrique, mais à décor polychrôme, repréfentant fainte Marguerite avec le nom & la date : « 17 Marguerite Touzé 36. » — Un autre également

a Confultez les *Documents fur les Fabriques de Faïence de Rouen,* recueillis par Haillet de Couronne & publiés par M. Léopold Delifle. *Valognes,* Martin, 1865, in-8°, page 51.

polychrôme, daté de 1783, avec le nom de Martin Lafleur & au-deffus l'image de faint Martin [a].

On voit dans la collection Le Véel, au mufée de l'hôtel de Cluny, un charmant Broc de faïence de Rouen, fur lequel on a peint les images de faint Robert & de fainte Reine au-deffus des deux noms « Robert La Vingne, Reine Marais, 1727. » La face de ce Broc nuptial repréfentant fainte Reine a été reproduite dans la fuperbe férie de photographies coloriées exécutées d'après la collection Le Véel par M. Delbarre, & elle a été gravée dans le journal l'*Art pour Tous*. Un Broc de la collection de M. Eug. Daufrefne, juge au Havre, repréfente fur un côté faint François recevant les ftigmates & de l'autre fainte Catherine, avec les noms « François Bouquetot » & « Catherine Tragin ». La date 1769 eft infcrite au-deffous d'un riche bouquet de fleurs, qui décore le point d'infertion de l'anfe. Mais nous ne pouvons citer ici tous les Brocs à images de faints qui figurent dans les collections : nous avons déjà indiqué plus haut une pièce du mufée de Sèvres montrant qu'à Nevers l'ufage de peindre à la fois les patrons & les noms des époux était également en vogue.

Parmi les fujets profanes, on remarque des devifes énigmatiques, des peintures facétieufes, des infcriptions bachiques ou burlefques & des attributs de métiers ou de profeffions : enfin des fujets de chaffe.

Les infcriptions bachiques nous femblent moins fréquentes fur les faïences de Rouen que fur celles de Nevers. Elles fe trouvent en général fur des pièces d'une exécution beaucoup moins foignée que celle des Brocs à images religieufes. L'orthographe de ces devifes

[a] Expofition d'objets d'art & de curiofité à Évreux; Catalogue analytique, nos 230, 169 & 906.

ſent l'enſeigne de cabaret, & range les pièces à inſcriptions bachiques parmi la faïence tout-à-fait populaire : témoin une bouteille plate ou gourde de chaſſe de la collection Le Véel au muſée de Cluny, ſur laquelle on lit :

An · Pli | ra Tont
La Bou | Teille
A · Sim | on · Ouy
Pron · | Temant.
17 | 20.

C'eſt par là que l'on s'éloigne du Broc à Cidre type pour deſcendre juſqu'aux bouteilles en forme de Bacchus à cheval ſur un tonneau. Au muſée de Sèvres, un Broc à vin de faïence de Nevers, catalogué n° 3770, repréſente deux meſſieurs & deux dames à table ſous une treille, avec l'inſcription ſuivante tracée au bas de la panſe, ſur le bord du culot :

Jacques · Dominique : Gallois.
1763.

Un autre beau Broc de Nevers, conſervé au muſée de Sèvres, ſous le n° 6194, nous amène aux pièces à ſujets de métiers, à marques profeſſionnelles. Cette pièce remarquable repréſente d'un côté ſaint Jean-Baptiſte & de l'autre ſaint Nicolas, patron des bateliers, avec cette légende tracée au-deſſous en lettres italiques :

Monſieur iean breton marchant voiturier par eau demeurant à la Charité, 1732.

M. Jules Houdoy, dans ses *Recherches sur les Manufactures Lilloises de Porcelaine & de Faïence*, cite deux exemples de cruches, pots ou brocs, pour la bière probablement, décorés d'emblêmes professionnels. L'un d'eux, avec décors dits à la corne, montre les analogies qui existent entre le décor des faïences de Rouen & celui des faïences de Lille, analogies qui ont longtemps fait confondre les deux fabriques. « C'est un pot dont la panse est occupée par un vaste médaillon rocaille, dans lequel est représenté un ouvrier tisserand, travaillant à son métier, avec cette inscription : CHARLES DELLEMME, 1758. En dehors du médaillon, le décor consiste en tiges d'œillets & en rinceaux identiques à ceux des faïences à la corne ; il n'y a pas jusqu'aux petites rosaces & aux insectes qui accompagnent ordinairement ces fleurs qui ne soient aussi reproduites, seulement ici le décor est bleu & non polychrôme [a]. »

M. Houdoy avait dit plus haut : « Nous possédons un pot de grande dimension, fait sur commande, sans doute, pour être offert en cadeau à une association de dentellières (au XVIIIe siècle, l'industrie des femmes de Lille consistait presque uniquement dans la fabrication de la dentelle au carreau), ou destiné au cabaret où elles se réunissaient le jour de leur fête patronale (le Broquelet). Le pot, d'une contenance de cinq à six litres, est d'une forme gracieuse; le manche est formé de cinq câbles tordus, dont les extrémités s'attachent au pot comme par une griffe. Sur le devant de la panse & entouré de rinceaux gracieux, s'étale un vaste médaillon dans lequel est représentée une femme assise, faisant de la dentelle au carreau; à côté d'elle, dans

a Jules Houdoy, *Faïence Lilloise*, page 78.

une chaiſe de bois, eſt un tout jeune enfant; des jouets ſont épars autour de lui; la ſcène eſt placée dans un payſage. Au-deſſus du médaillon, & compris dans la friſe d'un joli goût, qui entoure le haut du pot, ſe trouve un écuſſon portant en croix deux fuſeaux de dentellières; ſous le pot, on lit l'inſcription ſuivante :

N : A :
DOREZ.
1748.

C'eſt-à-dire : Nicolas-Alexis Dorez, un des petits-fils de Barthélémy Dorez, fondateur de la manufacture » (de faïence de Lille) [a].

Voici pour la première fois un nom d'artiſte écrit ſur cette faïence, au lieu du nom du deſtinataire : mais ici c'eſt bien une ſignature, car cette inſcription eſt tracée *ſous le pot*, & non point en lieu évident au bas de la panſe, comme le font tous les noms que nous avons cités juſqu'ici. Ce Broc, à attributs profeſſionnels, ne rentre donc pas dans la catégorie générale des *Brocs inſcrits*. — Notons auſſi le nom de ce cabaret lillois cité par M. Houdoy : le *Broquelet,* diminutif de *Broc,* probablement uſité ſeulement dans le dialecte de Lille.

Nous allons voir tout à l'heure que différentes pièces de faïence, des Brocs inſcrits notamment, repréſentant des ſujets cynégétiques, rentrent cependant dans la claſſe des pièces à emblèmes profeſſionnels, les vaſes que nous citerons ayant été peints préciſément pour des gardes des eaux & forêts ou pour des officiers des chaſſes.

[a] Jules Houdoy, *Faïence Lilloiſe,* pages 70 & 71.

François
Trebutien

VI.

IL eſt temps d'appliquer ces données au joli Broc à Cidre en faïence de Rouen, dont l'image fidèlement exécutée à moitié grandeur de l'original par notre ami M. Bouet, ſert de frontiſpice à cette étude de céramique normande. Une ſeconde chromo-lithographie, placée ici en regard de notre texte, repréſente le ſujet de chaſſe qui décore le centre de la panſe, du côté oppoſé à l'anſe. Les noms

François Trebutien

tracés au-deſſous donnent un intérêt particulier à ce *pichet* normand & font qu'il eſt devenu le prétexte de notre diſſertation. Ce François Trebutien, d'une famille du Cinglais, dans l'évêché de Bayeux, n'eſt rien moins en effet que le biſaïeul d'un littérateur bien connu, M. François-Guillaume-Staniſlas Trebutien, l'un des conſervateurs de la Bibliothèque publique de Caen, orientaliſte ſavant, l'éditeur enthouſiaſte de *Maurice* & d'*Eugénie de Guérin*, mais dont nous n'avons pas à énumérer ici les nombreux travaux.

Fidèle au culte des ſouvenirs, M. Trebutien a conſervé pieuſement cet objet héréditaire, & il nous a prié amicalement d'en rechercher la ſignification. Voilà pourquoi nous avons interrogé les traditions en comparant les autres pièces analogues. « C'eſt pour moi un monument de famille, conſacré par les émotions de ma première enfance », nous diſait-il dans une lettre ſur la provenance de ce vaſe curieux. « Il était de tradition dans la famille que c'eſt mon biſaïeul, François Trebutien, Garde Général des Domaines & Bois du Roi, qui eſt repréſenté ſur la bouteille avec ſa chienne Fidèle; portrait de pure fantaiſie, je l'avoue. Un antiquaire qui s'eſt occupé auſſi de la céramique normande croit que c'eſt tout ſimplement un ſujet de chaſſe avec le nom du propriétaire. Comme Nemrod, mon biſaïeul était un grand chaſſeur. »

Mais cette repréſentation n'était pas purement cynégétique, ni due à une fantaiſie iſolée, car M. Paul Baudry, notre confrère de la Société des Bibliophiles normands à Rouen, poſſède dans ſa collection de céramique une pièce tout-à-fait analogue. Un Broc à Cidre, *inſcrit &*

daté, à lui cédé par un fermier nommé Duparc, repréſente un chaſſeur ajuſtant ſon fuſil & précédé d'un lévrier.

Décoré entièrement en bleu, il porte les noms & la date :

Nicolas · du · parcq · 1746.

Or ce Nicolas du Parcq était, comme François Trebutien, un Garde des Eaux & Forêts, ainſi que l'atteſte une ſérie d'aſſiettes aujourd'hui diſperſées dans pluſieurs collections & notamment dans celles de M. Aſſegond, à Bernay, & Guſtave Gouellain, à Maromme. Ces aſſiettes préſentent en effet au centre cette inſcription diſpoſée circulairement :

Nicolas Duparcq garde Du Roy ·:·

Il faut rapprocher de ces deux pièces un plat à barbe lithographié comme type des faïences de la troiſième époque, celle de la décadence de l'art, dans les *Recherches hiſtoriques ſur les Faïences de Sinceny*, par le docteur Warmont [a]. Ce plat à barbe offre l'image d'un chaſſeur debout, précédé de ſon chien & tirant un chevreuil ; avec l'inſcription:

DESBANC GARDE A COUCY
1785.

Les faïenciers de Sinceny, en Picardie, qui ici ont pris un plat à barbe pour ſubjectile de leur peinture, connaiſſaient cependant les Brocs à Cidre, témoin celui qui figure au muſée de Sèvres, ſous le

[a] Chauny, Viſſecq, libraire, 1864, in-8°.

nº 6179, & qui, pâle imitation des faïences de Rouen, porte, au-deſſous d'un groupe d'oiſeaux & de feuillages, l'inſcription :

Louis Tondu, 1785.

Mais en Normandie des plats à barbe, des ſaladiers, des cuvettes, &c., ont auſſi été datés & marqués de noms de poſſeſſeurs : nos pères aimaient volontiers voir leur nom, leur marque, leur chiffre ou leurs armes & quelquefois leur portrait, peints, gravés ou frappés ſur les uſtenſiles à leur uſage, ſur les meubles qui leur plaiſaient davantage; la reliure des livres, la vaiſſelle, l'argenterie, la verrerie, les plaques de cheminées, les tapiſſeries & les vitraux des maiſons, les râpes à tabac & cent autres eſpèces d'objets en fourniſſent des exemples variés.

Un Broc à Cidre en faïence de Rouen, faiſant partie de la riche collection de M. Loiſel, à la Rivière-Thibouville, inſcrit du nom & de la date « Michel Lenfant, 1725 », nous paraît être un quatrième exemple d'une faïence deſtinée à un officier des eaux & forêts, car on y voit l'image d'un chaſſeur & d'un bûcheron[a], & ce chaſſeur eſt revêtu d'un large baudrier fleurdeliſé, inſigne de ſa fonction. Enfin au muſée céramique de la ville de Bernay, formé de la première collection de M. Aſſegond, on trouve un grand ſaladier, dont le fond repréſente trois chaſſeurs avec leurs chiens, l'un tirant des lapins, l'autre une volée de perdrix, le tout avec cette inſcription :

Claude Iouanin · Garde
· De · Chaſſe ·
· 1729 ·

[a] Expoſition d'Évreux en 1864; Catalogue analytique, nº 878.

Imp. Becquet. Paris.

Ce ſerait ſortir du cadre de cet article que de rechercher à quelle catégorie d'officiers des chaſſes & des forêts appartenaient ceux dont les noms ſont venus juſqu'à nous, ſur ces monuments fragiles de l'art céramique. On pourrait trouver leur hiérarchie dans le *Code des Chaſſes*, dans le *Dictionnaire des Eaux & Forêts*, & dans d'autres ouvrages d'ancienne juriſprudence.

La date 1746 inſcrite ſur le Broc du garde du roi Nicolas Duparcq, aujourd'hui dans la collection de M. Paul Baudry, eſt preſque celle du Broc de François Trebutien que nous étudions plus particulièrement. Car dans ſa lettre précitée, écrite longtemps avant que nous ayons raſſemblé ces divers faits, ſon arrière-petit-fils, M. F. G. Trebutien, nous diſait encore :

« J'ai oublié de vous dire que ſur le côté oppoſé au grand médaillon eſt la date de 1745. Ce Broc faiſait partie d'un magnifique ſervice en faïence de Rouen, qui fut donné en cadeau à mon biſaïeul par un grand perſonnage qu'il avait eu occaſion d'obliger. J'ai encore vu un Bacchus ſur ſon tonneau, de dix-huit pouces environ de haut... On m'aſſure que le petit chien bleu (le deſſin eſt de la grandeur de l'original) faiſait partie de la garniture de cheminée, mais je ne me ſouviens plus bien que de deux lions à crinière jaune [a]. »

La conſervation plus que centenaire de ces faïences dans les familles eſt, malgré les perturbations de ce ſiècle, un fait aſſez fréquent. A l'expoſition de Bernay, en 1863, un propriétaire des environs, M. Mordant, avait produit (n° 190) une cruche en faïence de Rouen, portant pour inſcription : « Pierre Mordants, 1750. »

[a] Voir la troiſième & la quatrième lithographies.

VII.

NOus avions communiqué les chromolithographies que ces recherches expliquent, au ſavant M. André Pottier, l'année qui a précédé ſa mort, & à première vue, avant de ſavoir que le Broc de François Trebutien était daté de 1745, il l'attribua au milieu du XVIIIe ſiècle. Or les deux plus anciens Brocs connus ſont datés l'un de 1699 & l'autre de 1702 : ils appartiennent à M. Paul Baudry. M. Eug. Daufreſne en poſſède un autre ſur lequel on lit « Iean Cappet, 1708. » M. André Pottier a dreſſé avec le plus grand ſoin, pour ſon *Hiſtoire de la Faïence de Rouen*, un recueil de pièces datées, rangées chronologiquement depuis la fin du XVIIe ſiècle, juſqu'en 1814, époque de l'extinction de la dernière fabrique. Une note priſe au moment de ſes explications, nous permet de reproduire ici l'analyſe des divers éléments décoratifs qui accompagnent le ſujet principal.

Le feſton tracé en rouge eſt la bordure ordinaire des aſſiettes polychrômes, dites à la corne.

La guirlande ſuſpendue ſur les côtés de la panſe eſt le motif reſté le plus longtemps en vogue : cette guirlande ſe trouve dès 1699 dans la belle collection de M. l'abbé Colas, chanoine de l'Égliſe de Rouen, & va juſqu'en 1790.

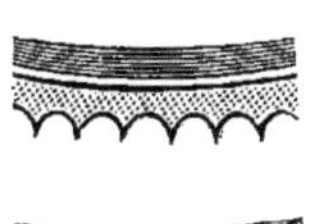

L'ornement *engreſlé*, comme on dit en termes de blaſon, reſſemblant à un picot de dentelles, tracé ſur le pied & ſur le haut de la panſe, eſt un motif ordinaire aux faïences de Mouſtiers : il a été rarement employé à Rouen.

Quant à cette draperie qui retombe aux deux côtés de la guirlande

c'eſt un décor très-rouennais. Enfin le autres menus ornements, à réſerve d blanc, ſont le motif typique de Roue dont cette pièce réunit les caractère franchement marqués.

En réſumé, nous diſait M. Pottier, c Broc appartient par ſes peintures au ſtyl de tranſition : il a dû ſortir de l'une de quatre fabriques qui s'élevèrent à Rouer à l'expiration du privilége de Poterat.

L'anſe figurée ſur la lithographie eſ une reſtitution : elle manque ſur la pièc originale.

VIII.

IL eſt impoſſible de terminer cette notice ſans dire un mot d'u détail ou ornement ſingulier que le Broc de François Trebutie ne préſente pas, mais que l'on remarque ſur divers Brocs rouennais notamment ſur le Pot-à-Cidre de la collection Le Véel, figuré dan le n° 90 du journal l'*Art pour Tous*. C'eſt un tuyau également e faïence cuit avec la pièce & qui traverſe horizontalement la panſ du Broc d'un côté à l'autre : une roſace ajourée d'une manièr variée ferme chaque bout de ce tuyau. Parfois la roſace, au lie de terminer un tuyau tranſverſal, pénétrant de part en part, recouvr ſeulement un enfoncement qui n'en eſt que le ſimulacre.

Quelle était la deftination de ce fingulier appendice? Plufieurs amateurs le confidèrent comme un tube réfrigérant [a], deftiné à rafraîchir le liquide contenu dans le Broc, mais peut-être l'introduction de ce manchon n'avait-elle d'autre but que de montrer l'habileté du potier, & de faire une forte de tour de force, de produire un objet curieux, une furprife, plutôt qu'un uftenfile d'un ufage commode. Les Brocs de cette efpèce devaient, en effet, être très-difficiles à tenir propres à l'intérieur.

La collection de M. Affegond, à Bernay, contient un de ces Brocs, avec jour tranfverfal ou furprife, qui mérite d'être fignalé ici à deux autres titres; il repréfente fainte Anne & faint Nicolas, & porte l'infcription fuivante, tracée avec un mélange de capitales & de petit-romain :

· MaRiE · ANNE · cassaiGNE ~~~~ Nicolas maletRa · 1733 ·

Or, première particularité, le vert domine dans fon décor, & cette coloration, qui rappelle la *famille verte* des porcelaines orientales, paffe pour caractérifer les faïences forties de la fabrique Guillibaud. Cependant, feconde particularité, il porte le nom d'un autre fabricant rouennais, Maletra, ou Maleftra, avec celui de fa femme. Comme ce nom eft celui du deftinataire & non de l'artifte, faudrait-il fuppofer que ce *Cochelin* nuptial aurait été offert aux époux Maletra par leur confrère Guillibaud?

Puifque j'en fuis à dire un mot de ces faïences de la *famille verte*,

[a] Expofition d'Objets d'Art & de Curiofité à Évreux en 1864; Catalogue analytique, nos 57 & 168.

je ſignalerai auſſi un Broc décoré d'ornements verts, récemment acheté aux environs de Bernay, pour M. Rouland, Tréſorier général de l'Eure, & qui porte l'inſcription : « Jacques · Hardel. »

Une remarque qu'il eſt encore bon de faire ici, c'eſt que les noms inſcrits ſur ces faïences ſont preſque toujours tracés en lettres courantes d'impreſſion, dites caractère romain, & non en capitales.

Nous n'aborderons point ici les procédés techniques de la fabrication de ces vaſes : ce ferait ſortir du cadre d'une monographie & empiéter ſur l'hiſtoire générale de la Faïence. Le grand ouvrage de M. Pottier contiendra d'abondants renſeignements ſur ces procédés : les documents recueillis par Haillet de Couronne & publiés par M. Léopold Deliſle en donnent déjà un aperçu. Piganiol de La Force, de ſon côté, diſait, à propos des fabriques de Nevers : « On peut voir comment se fait la fayence dans les notes que Pierre de Fraſnay a faites ſur un petit poëme de ſa compoſition, intitulé *La Fayence;* ils ſont l'un & les autres dans le *Mercure* du mois d'Août de l'an 1735 [a]. »

Les Brocs en faïence de Rouen, inſcrits & datés, ou intéreſſants par leurs décors, montent aujourd'hui à un prix aſſez élevé dans les ventes de curioſités. Nous citerons ici les prix atteints à la vente de la collection E. L... faite à Rouen les 9 & 10 mai 1864. Le nº 6 du catalogue, « Broc à fleurs & cartouche rocaille polychrôme encadrant un ſaint Matthieu, camaïeu bleu, inſcrit & daté 1762, » fut adjugé à 71 fr. — On paya 39 fr. 50 l'article 7 ainſi déſigné : « Broc décoré de fleurs de couleurs en réſerve ſur fond bleu ; deux médaillons ainſi réſervés ſur chaque face repréſentent une entrée de ville fortifiée.

[a] *Deſcription de la France*, 3e édition, tome X, page 383, art. NEVERS.

Daté de 1786. » Mais un « Broc en faïence blanche de fabrique ancienne, orné ſur le devant d'un portrait de femme à la Louis XIV dans une couronne de feuillage, le tout en bleu, » n'étant décoré que d'une façon très-ſimple, & ſans date, n'atteignit que le prix de 15 fr.

Enfin pour terminer, nous parlerons de la contenance habituelle de ces vaſes. Quoiqu'elle ſoit très-variable, la plupart d'entre eux contiennent au moins un pot ou deux bouteilles, ou quatre chopines, meſure normande. La capacité métrique du Broc figuré au frontiſpice de cette monographie eſt en litres, de 2,90, c'eſt-à-dire qu'il contient trois pintes & un poſſon, autrement un pot, une pinte & un quart.

www.ingramcontent.com/pod-product-compliance
Ingram Content Group UK Ltd.
Pitfield, Milton Keynes, MK11 3LW, UK
UKHW022141190726
13855UKWH00003B/1270